RÉMINISCENCES

D'UN LABOUREUR BAS-NORMAND.

RÉMINISCENCES

d'un

LABOUREUR BAS-NORMAND,

PRODUITES SUR LA DEMANDE

DE LA

SOCIÉTÉ D'AGRICULTURE DE SAINT-LO,

Dans la Séance du mois de mars, et par la Lettre du 19 avril 1842.

CAEN,
IMPRIMERIE DE LESAULNIER,
Rue Notre-Dame, 98.

1843.

AVANT-PROPOS.

Quoi! vous voulez sérieusement, mes chers collègues, qu'après une longue suspension, pendant laquelle j'ai cessé de faire, des haras, des remontes et de l'équitation, une occupation spéciale, j'aie conservé des idées assez fraîches sur ces matières, pour déterminer jusqu'à quel point les méthodes de procréation, d'éducation et de recrutement des chevaux, introduites et pratiquées récemment, sont avantageuses ou nuisibles à la pûreté des races, ainsi qu'aux véritables intérêts du pays.

C'est un effort que l'estime persévérante dont vous me donnez tant de preuves peut seule exiger de ma bonne volonté. Quitter la culture des hortolages et la lecture d'Homère, pour descendre dans une arène où les épigrammes, l'ironie et les personnalités étrangères au sujet font une majeure partie des frais du combat; se jeter dans la mêlée de deux partis opiniâtres, où des théories systématiques, soutenues par des champions retranchés dans des positions formidables, accableront de tout l'éclat du syllogisme un pauvre Troglodyte qui n'a guère, dans sa simplicité, reçu d'autres leçons que celles de la nature, du temps et de la pratique de son jeune âge! Et, quand bien même ces lions pardonneraient à votre collègue de leur faire apercevoir quelques vérités oubliées depuis Bucéphale, est-il bien sûr qu'il ne se trouverait pas froissé, éclaboussé, pour le moins, entre les chars brillants de leurs nombreux adeptes ou de ceux des amateurs bénévoles qui, dans toute propagande, tiennent d'autant plus aux doctrines de convention, proclamées par leurs chefs, que les opinions qu'ils adoptent n'ont pas leur base dans leur propre conviction?

Ainsi donc, entrer sans rang, sans poste assigné, dans une lice où la foule a déjà forcé les barrières; combattre seul, sans cuirasse, comme sans réserve, contre des tenants et des assaillants aguerris et confortablement équipés : voilà le sort hasardeux que votre amitié prépare à l'un des fondateurs de votre Société. Vous lui devez, au moins pendant la durée de la lutte, une part égale du vent et du soleil.

Des Haras et des Remontes.

Les administrations des remontes militaires, ainsi que celles des haras, étaient, comme toutes les institutions, bonnes dans leur principe : il ne s'agissait que de les bien faire fonctionner; mais !....

Mais l'impulsion créatrice n'existe déjà plus dans les successions ministérielles; mais l'esprit d'examen et de critique qui avait concouru à leur formation s'est affaibli dans les filières administratives; mais de nouveaux agents ont été chargés de poursuivre des directions auxquelles leur zèle ne pouvait suffire; et même quelques-uns d'entr'eux, n'ayant plus aperçu qu'un surcroît de difficultés, dans cette branche délicate de leurs attributions, l'ont gouvernée avec une parfaite indifférence. Les commissions nommées pour suppléer aux ministres ont trop souvent présenté des divisions fâcheuses où l'on ne parlait pas le même idiôme, où les délibérations étaient influencées par la ténacité, et où l'intérêt des choses cédait à celui des personnes.

Dans l'origine, l'administration des haras avait été entièrement composée d'écuyers, d'agriculteurs et d'anciens officiers de cavalerie, auxquels elle offrait une honorable et modique retraite. Elle obtint des succès et n'eut, je crois, qu'une mauvaise distribution des fonctionnaires et des chevaux à se reprocher. (La plupart des uns et des autres devaient être placées dans leur pays respectifs.)

Les dépôts de remontes avaient aussi reçu une direction avantageuse; et c'est, quoiqu'on en puisse dire, le mode de recrutement équestre, employé jusqu'ici, le plus favorable à l'agriculture, ainsi qu'à l'armée. Il faut cependant reconnaître que depuis quelque temps ses opérations se sont trouvées en butte à des censures qui ont particulièrement éclaté à l'instant où ces dépôts militaires ont renfermé des étalons destinés au service des juments du pays : on a pensé que ces animaux feraient une concurrence illégale à ceux des haras ; et peut-être en cela ont-ils dépassé le but de leur institution.

Au demeurant, cette administration devait avoir plus d'étendue, dans une autre direction : elle ne sera jamais complète, tant que le germe qu'elle renferme dans son essence, la formation de dépôts de poulains, ne sera pas éclos.

Ce germe se trouve en majeure partie dans le grand nombre de juments pleines que reçoivent les remontes, tant des pays étrangers que de l'intérieur, et dont les échappés périssent par défaut de moyens suffisants d'entretien. Ces pertes sont trop regrettables pour qu'un sage gouvernement ne cherche pas les moyens de les prévenir en réunissant dans des établissements spéciaux les élèves qui en font l'objet : d'ailleurs le règlement des remontes du 11 avril 1831 porte : « L'achat de poulains présumés propres au service militaire et leur éducation dans les » dépôts de remontes, jusqu'à l'âge où ils peuvent être répartis » dans les corps... »

Cette disposition, d'une exécution et d'une pratique très-difficile, je l'avoue, n'est pas encore en vigueur. Mais elle est indispensablement nécessaire, ne peut être onéreuse à l'état, ainsi qu'on l'a prétendu et que je le prouverai à la fin de ce mémoire.

Avec les cinquante millions (Voyez le *Journal des Haras* du 4 mars 1842) que le luxe, la guerre et les haras exportent annuellement à l'étranger, en échange des chevaux exotiques qui sont introduits chez nous, on pourrait entretenir en France plus de mille dépôts de poulains. Par cette importante création, on y conserverait une masse de numéraire en circulation ; on donnerait des encouragements aux producteurs, des exemples et des leçons indispensables aux éleveurs ; et de plus, les races indigènes remonteraient en peu de temps au degré de faveur, de bonté, d'utilité et de multiplicité dont elles sont susceptibles, en fournissant aux jeunes cavaliers, des chevaux accoutumés aux exercices guerriers; on pourrait encore, avec cette institution, offrir au luxe, toujours avide de jouissances promptes et faciles, l'appât de chevaux tout dressés pour les divers emplois qu'il réclame :

Ce qui lui ferait perdre sur le champ le goût des chevaux étrangers, qu'il préfère uniquement par la raison que ces chevaux lui présentent presque toujours sur ceux du pays cet avantage d'être prêts, au moment de l'achat, pour tout genre de service.

Quant à ce qui concerne spécialement le dépôt de remontes de St-Lo, cet établissement s'est montré d'autant plus utile au pays, qu'il a possédé plus d'indépendance. Nous considérons que les bonnes dispositions de ses officiers supérieurs ont été entravées par l'espèce de suprématie accordée sur lui au dépôt de Caen, depuis qu'il n'en est plus devenu qu'une sorte de succursale. Il est nécessaire qu'il reprenne le rang qu'il avait dans l'origine, parmi les établissements de ce genre, pour atteindre son apogée d'utilité; parce qu'il serait d'autant plus difficile que ces deux dépôts conservassent avec succès la même direction, que les plaines du Calvados contiennent encore quelques espèces de chevaux différentes de celles qui se font remarquer dans la Manche; que les habitudes des cultivateurs ne sont pas les mêmes dans les deux départements, dont le premier nourrit et brocante beaucoup plus de chevaux qu'il n'en produit, et dont le second en produit bien plus de bons qu'il n'en élève.

Ces causes, qui excluent toute espèce de comparaison entre les services des achats effectués dans des contrées si différentes, quoique contiguës, ont dû déterminer la Société départementale d'agriculture, dans la séance du 1er mai 1842, à demander que le dépôt de St-Lo, soit indépendant de celui de Caen.

Objet spécial de ce Mémoire et sommaire des chapitres.

Parmi les propositions avancées dans les écrits auxquels a donné lieu le conflit élevé entre les deux administrations de l'agricul- et de la guerre, j'ai remarqué quelques vérités utiles ; mais, je l'avoue, des erreurs sont venues en obscurcir l'éclat à mes yeux. Il est étonnant que, sur des matières aussi graves, on puisse s'étendre avec autant de légèreté, et que la confiance réciproque que semblent avoir entr'eux les partenaires de chaque opinion divergente, les engage à répéter les mêmes assertions erronées, en variantes plus ou moins spécieuses.

Ce sont ces erreurs, quoique revêtues de la phraséologie la plus élégante, que je m'efforcerai de combattre dans ces notes informes. Et, pour éclaircir ce cahos, autant qu'il m'est possible, je réduirai mes chapitres à trois propositions, tout en manifestant le regret d'être forcé de scinder un travail qui eût demandé plus de développement. Je tâcherai cependant d'analyser mes preuves et de ne pas négliger les faits principaux, afin de justifier des doctrines que je suis obligé d'opposer à des opinions d'un grand poids, ou à des préjugés généralement reçus.

Dans le premier chapitre, j'espère prouver que les chevaux

de luxe ne doivent, sous aucun rapport, servir de type aux établissements producteurs, ainsi qu'on le répète sans cesse ;

Dans le second, que les croisements avec les races étrangères sont hazardeux en particulier, et ne peuvent être généralisés sans danger ; — que l'influence du climat, des travaux et des soins hygiéniques s'opposent souvent aux succès des accouplements de variétés différentes ;

Dans le troisième, qu'on ne peut complétement régénérer les races hippiques, qu'en établissant, soit pour les remontes des haras, soit pour celles de la guerre, des dépôts de poulains, qui ne seraient nulle part défavorables aux pays d'élèves, deviendraient très-avantageux à ceux qui produisent, *et ne feraient point* de concurrence au commerce, ainsi que le croit M. le Marquis de Dorcy.

Maintenant, ma tâche sera plus facile que je ne l'avais pensé d'abord, quoique j'eusse désiré qu'elle m'eût été imposée dans une autre occasion. Quelques-unes des questions soulevées par la discussion, ne sont point des questions de personnes, et n'intéressent pas moins le ministre de l'agriculture que celui de la guerre.

Ainsi, je puis glisser légèrement sur toutes les allégations, plus ou moins fondées, comme sur tous les chiffres hyperboliques qui ont été produits, et, désintéressé, laisser poser ma bienveillance pour des administrations qui pourraient être du plus haut degré d'utilité, sans toutefois négliger de leur signaler non les abus de leur régime antérieur, mais les fausses idées et les mauvaises voies où elles sont engagées, ainsi que les moyens que je crois propres à en prévenir les suites.

CHAPITRE PREMIER.

Quels sont les Chevaux de luxe dont on parle tant?

Pourrait-il être vrai que le cheval de guerre ne fût pas un type particulier, dans les diverses fonctions qui lui sont assignées, et qu'il ne doit pas être le plus beau? Il semble que les notions du *beau* seraient fort incomplètes, surtout en fait de chevaux, si elles n'impliquaient pas entièrement toutes les idées et toutes les qualités du *bon*.

Parmi les propositions plus ou moins heureuses, avancées dans les écrits auxquels a donné lieu les préludes de retour vers l'industrie chevaline, il en est une, reproduite sous toutes les formes, sur laquelle appuie particulièrement un écrivain remarquable, qui s'intitule *ancien officier de cavalerie;* cette proposition est : « Que les haras ne doivent pas s'occuper de la production du « cheval de guerre, et que les chevaux de luxe dégénérés, qui « échapperont aux étalons de pur sang, seront très-bons pour « le service militaire. » Mais, d'abord, cet ancien officier se rappelle-t-il bien ce que c'est qu'un bon cheval de guerre? Croit-il que cet animal, qui remplit la plus importante des fonctions, ne doit pas posséder la réunion de toutes les qualités solides, destiné qu'il est à porter le cavalier au milieu des périls, à faire la gloire et souvent le salut de son maître.

Dites franchement, mon ancien camarade, si, vous étant trouvé dans les combats, vous n'avez pas été à portée de reconnaître que votre cheval n'était jamais trop bon, et que la puissance et la valeur de la cavalerie est beaucoup moins dans la force numérique de son escadron, que dans l'énergie des chevaux qui la composent? Alors vous ne pourrez nier que ceux qui sont les mieux conformés, élevés, nourris et le plus convenablement dressés pour les exercices guerriers, ne rendent un service double de durée et décuple d'action contre l'ennemi. Ce ne serait pas le cas de dire ici que « Le Dieu Mars favorise les gros bataillons. » Mais il est facile de prouver qu'il est presque toujours du parti des meilleurs chevaux.

Le cheval de guerre a des proportions mathématiques, précises, constantes et connues depuis des siècles, suivant l'arme à laquelle il appartient. Des formes invariables, prescrites par les lois du mouvement, existent-elles pour le luxe, fils de la mode, qui varie incessamment et disparait aux yeux de la foule étourdie d'autant plus entièrement qu'elle a plus long-temps vécu?... Redire, à cette occasion, que les anciens faisaient partager les honneurs divins aux coursiers des dieux, ce ne serait qu'avancer ce que tout le monde connaît; mais ce qui est plus généralement ignoré, c'est que, dans les fonctions qui leur étaient dévolues, leurs formes, la nuance de leur poil, leurs noms, et jusqu'au contour de leurs crinières, étaient en rapport avec les emplois qui leur étaient assignés. Lorsqu'Andromaque nourrissait et *adonisait* de sa main les chevaux d'Hector, elle ne manquait certainement pas de les tenir à la mode troyenne, et ils étaient le modèle du luxe le plus exquis. Depuis, dans l'Orient, ainsi que pendant les longues périodes du moyen-âge, la régularité des proportions, de même que le sexe et jusqu'aux marques particulières qui dénotent la race ou plutôt l'origine des coursiers, annonçaient aussi la dignité du cavalier. Pétrarque, l'Arioste, Brugnon et beaucoup d'autres nous ont même confirmé que l'homme d'armes n'était appelé à accomplir certains travaux, que monté sur un destrier pourvu des signes et des apparences requis. Toutes ces nécessités physiologiques tenaient moins à des idées superstitieusement minutieuses, comme on l'a supposé, qu'à des connaissances approfondies des indices généraux que ces marques, souvent trop légères, réveillaient chez le compagnon obligé des travaux guerriers de l'homme. Alors encore, être apte et bon était le seul luxe des chevaux.

Le luxe proprement dit n'a guères montré de nouvelles exigences que sous Louis XIV, où il s'est engoué de grands chevaux efflanqués. Sous Louis XV, les poneys propres à faire la monture des femmes ont eu la vogue : elle revint un instant, sous Louis XVI, aux chevaux de fortes proportions ; et ces différentes fantaisies du luxe résumaient assez bien les tendances de l'époque. Enfin la génération présente peut encore se rappeler qu'il y a moins de trente ans, le luxe n'employait que de petits chevaux, dont la taille, comme celles des Arabes et des Bardes, n'excédait guères un mètre et demi. — Aujourd'hui, que le *pur sang* a fait ses ravages dans l'opinion, et par suite dans l'espèce chevaline, il lui faudrait des chevaux de deux mètres ! C'est pousser, vous l'avouerez, de quatre palmes trop loin la manie des grandeurs animales. Mais, si les gouvernements voulaient servir incessamment un luxe aussi capriciemx que mobile, il faudrait trouver le moyen de fabriquer, non en poste, mais en wagon, des myriades d'étalons de variétés infinies.

Aujourd'hui le luxe, atteint d'un paroxisme de délire, ne veut plus dans les chevaux que tout ce qui dénote leur vigueur infime. Ainsi des quadrupèdes levrettés, dos de carpe, encolure de chèvre (expression que les Gaulois opposaient à encolure de coq), poitrine étroite, froids d'épaules, membres grêles, dénués d'aplomb, tendons faillis, boulets travaillés, pieds encastelés et rasant le tapis, font ses délices et sont le prototype du pur sang. Ces animaux, trop impressionnables aux variations atmosphériques, à cause de la finesse des tissus et de la rareté du poil, d'un caractère vomingue et d'un entretien difficile, sont encore sujets à beaucoup de maladies : et voilà la précieuse espèce dont on propose sérieusement le rebut pour porter la cavalerie française. J'en appelle aux hommes de cheval de tous les temps et de tous les pays. Serait-il bien possible que cette déesse païenne, des temps modernes, qui tourne, en toutes choses, dans un cercle aussi étroit que vicieux, décidât encore, pour la France, de la vie de ses enfants, de la gloire de ses armes et peut-être du sort de l'État? Car il ne faut pas oublier cette vérité vulgaire en stratégie, que la bonté de la cavalerie assure le fruit de la victoire et fait le salut des armées dans les retraites.

Rechercher ici toutes les conquêtes dues à la cavalerie dans les temps anciens serait trop fastidieux; mais vous n'avez pas, Messieurs, perdu le souvenir de tout ce qui s'est passé de nos jours, en Allemagne, en Espagne et surtout en Egypte : ce fut la force de la cavalerie allemande qui balança la fortune et les talents de Napoléon. En Espagne, dans un pays insurgé, ayant en tête l'armée de Wellington, notre cavalerie soutint une longue contre-marche, durant laquelle les escadrons français, presque toujours à la seconde ou troisième charge, repoussaient les régiments anglais. Enfin, en Egypte, la valeur de l'armée expéditionnaire a cédé, après trois ans de lutte, bien moins à tous les autres obstacles, qu'aux efforts incessants d'une poignée de Mameloucks, que plus tard toutes les forces du pays n'ont jamais pu vaincre, et qu'il a fallu la trahison pour détruire. Il est vrai que chez les Arabes la fleur des coursiers n'est pas très-bonne pour les combats et qu'ils ne connaissent point les chevaux de luxe.

Vous remarquerez encore, Messieurs, qu'en sacrifiant à ces nouvelles exigences du luxe, on a non-seulement perdu les meilleures races Françaises, mais que le véritable caractère du cheval et ses aptitudes les plus précieuses ont été perverties, avec toutes les bonnes habitudes équestres. Il faut avoir dépassé de loin la borne du sens commun, pour ne pas s'apercevoir aussi que la choquante confusion du cheval de selle et du carossier entraîne leur incapacité absolue; en effet, l'un et l'autre doivent déployer des forces opposées, verticales ou horisontales; et permettez-moi de spécifier ici, pour la première fois, les différences qui les caractérisent. La plupart des écuyers, depuis Xénophon jusqu'à M. de Brève, ont reconnu que, d'après les lois qui président au mouvement des quadrupèdes, celui qui est destiné à porter des hommes ou des fardeaux, pour atteindre plus d'harmonie, d'ensemble et de facilité dans ses percussions, doit être d'une taille moyenne, avoir l'avant-main léger, parce que c'est le bipède antérieur qui fatigue le plus dans ce genre de travail; son rein doit être court, son garrot relevé, ses extrémités inférieures légèrement rapprochées du centre de gravité, parce que cette portion, qui tient le cheval de selle prêt *au partir de la main*, facilite encore à celui dont la charge est pesante le moyen de vouter son épine dorsale à contre-haut ; ses jarrets doivent, en conséquence, être un peu coudés, les avant-bras, qui s'articulent dans une épaule roulante et saillante en avant, ne peuvent être trop distants sans nuire à sa force : il est encore bon que cet animal possède des canons et des paturons un peu longs, pour lui faciliter des allures relevées et rapides sur les terrains difficiles : tandis que le cheval de trait doit offrir des proportions tout-à-fait différentes de celles-ci. Il demande une conformation particulière dans chaque partie de la charpente osseuse. Il veut une stature plus élevée, pour avoir plus d'empire sur le collier ; il n'est pas sans avantage qu'il présente un avant-main un peu plus long, ce qui augmente sa force de résistance dans l'action du halage ; il est bon que cette partie antérieure ne soit pas trop relevée, car on voit tous les chevaux, pour vaincre la résistance, baisser la tête et la porter en avant. Il est nécessaire que la colonne vertébrale du cheval de trait ou du carossier soit longue ; qu'il ait les extrémités inférieures le plus éloignées possible du centre de gravité, sans toutefois être hors d'aplomb ; et c'est un grave inconvenient pour lui d'être long jointé.

C'est d'après ces données sur la conformation partielle du cheval, que les Arabes conservent, de temps immémorial, des notions précieuses où notre hyppiatre Bourgelat a pu puiser l'idée de ses proportions *géométrales*, et d'après lesquelles ce peuple équestre a même indiqué, d'une manière assez exacte, les aptitudes et, par extension, pronostiqué les destinées du cheval.

Il y aurait certainement sur cette matière bien d'autres remarques à faire, que je n'ai pas le temps de noter et que peut-être, Messieurs, vous ne prendriez pas celui d'écouter : c'est bien assez de faire grâce à quelques mots didactiques que je n'ai pu éviter. Toutes ces idées sont maintenant confondues chez le peuple amateur de la race anglaise : il affecte, sans le moindre scrupule, de soumettre deux variétés très-différentes aux mêmes emplois, comme s'il croyait que le produit de levrettes mâtinées fût plus particulièrement propre à la chasse et à la défense.

Je ne pousserai pas plus loin cette argumentation avec l'officier anonyme, espérant qu'il voudra bien se rappeler une aphorisme qu'il avance à la fin de son mémoire :

« C'est que peu d'hommes de guerre ont pu atteindre des
» connaissances assez suivies pour être expérimentés dans les
» pratiques difficiles de l'élève du cheval. »

Au demeurant il existe de nombreux partisans de cette opinion et je regrette d'y voir aussi M. Person. « Faire des chevaux de
» troupes, dit celui-ci, quelle hérésie ! Juste ciel ! qu'on laisse là les
» chevaux de troupe, qu'on régénère les chevaux de luxe,
» et bientôt on aura plus de chevaux de troupe que l'on n'en
» voudra et les plus médiocres seront meilleurs que les meilleurs
» d'aujourd'hui.

En jouant ainsi avec le paradoxe, en exagérant les pensées sous le prestige de la phrase, on écarte les êtres de raison et on détruirait même l'effet d'un bon argument.

Loin de croire jamais que la dégénérescence des chevaux de luxe puisse fournir des remontes à la guerre, je ne voudrais pas même commander, au jour du danger, les plus braves cavaliers, montés sur les plus purs chevaux du plus pur sang anglais.

CHAPITRE II.

Abus des croisements de chevaux anglais, pour obtenir la régénération des races françaises.

En supposant qu'il n'y ait pas une progression décroissante, inhérente à toutes les créatures de l'univers, il est certain que les races équestres s'amoindrissent plus encore en forces musculaires que dans leurs proportions extérieures : alors il devient évident que ce sont les efforts des hommes contre les lois invariables de la nature qui ont causé ces désastres apparents dans les générations animales. Ainsi, en contrariant la marche qu'elle indique dans la procréation des chevaux, il n'est possible d'obtenir que des succès exceptionnels et partant éphémères. Cependant on conçoit qu'un particulier dont la volonté est persévérante et les procédés réguliers puisse réussir dans les combinaisons les plus hardies en ce genre. On doit admettre même qu'avec certaines conditions d'intelligence et de frais judicieux, il parviendrait à élever et à perpétuer une race factice, étrangère au climat, à la nourriture et aux habitudes de la localité où il se trouve. Ainsi M. M... pourrait élever et maintenir, à Avranches, des coursiers qui auraient toutes les formes et les avantages de ceux de l'Orient. M. L...., près de Carentan, réussirait sans doute à entretenir, dans leurs qualités originelles, les races du Nord ; ces Messieurs pourraient ainsi les multiplier avec le temps ; mais la généralité des nourrisseurs y est impuissante ; et c'est surtout maintenant et à cette occasion qu'il faut appliquer ce vieil adage « que l'expérience » des pères est nulle pour les enfants. » Les masses soumises constamment aux préjugés, aux exemples réciproques, aux nécessités, toujours renaissantes, de vente et d'achat, aux éventualités de la disette de fourrage, aux fluctuations qu'entraînent des branches d'industrie qui se multiplient chaque jour à l'infini pour le riche cultivateur et pour le fermier, aux déménagements que nécessitent des baux qui n'ont que cinq ou sept ans de durée et qui portent souvent l'agriculteur sur des terrains entièrement différents de ceux qu'il avait précédemment fait valoir, restent dans l'impossibilité absolue de se livrer à aucune expérience permanente et suivie. Ces dernières vicissitudes doivent encore exercer plus d'influence sur le maintien des races factices dans ce département, où les sites sont si variés, les chevaux généralement livrés, dans les pâturages, à toute l'intempérie des saisons, et où l'on n'est encore jamais parvenu à faire abriter, pendant les hivers les plus rigoureux, ni les chevaux de travail, ni les élèves, ni même les poulinières dans les derniers temps de leur gestation. Ces habitudes funestes sont si fortement invétérées chez la population rurale, que souvent la voix de l'autorité et celle des vétérinaires se sont vainement élevées vers elle ; vainement les pestes, les maladies et les avortements sont venus l'avertir des dangers que cette incurie causait à ses plus précieux animaux : rien n'a pu la faire changer. Et c'est particulièrement ici qu'une cause permanente, résultant de ces habitudes locales, vient poser une barrière insurmontable entre la puissance et la volonté d'innover : c'est la perpétuelle influence des aliments, des travaux et des soins, qui tendent continuellement à déterminer certaines formes, certains tempéraments, dans tous les animaux et particulièrement dans ceux dont-il s'agit. Cette influence, rebelle aux innovations, parvient, avec un succès plus rapide qu'on ne le croit, à détruire d'abord les qualités inhérentes à toute race étrangère et ensuite à la mettre au dessous même de celle qu'elle était destinée à remplacer, parce que, sa constitution et ses facultés originelles n'étant pas celles qu'on pourrait maintenir dans sa nouvelle patrie, elle y devient une espèce de monstre, impropre à se perpétuer intégralement.

Il est si dificile, sans posséder une longue pratique qui n'ait pas dégénéré en routine, de se former une juste idée de l'influence de la nourriture, de celle du climat et du régime sur les jeunes chevaux, que vous me pardonnerez, Messieurs, de revenir sur cette idée et de rappeler quelques faits qui dénotent tout ce qu'il faut en croire.

Un français a observé, pendant plusieurs années de séjour à Constantinople, que les chevaux de l'île de Mytilène (ancienne Lesbos), qui sont petits et couverts de long poils, perdaient, peu de temps après qu'on leur avait fait traverser le détroit des Dardanelles, une partie de ces poils, devenaient plus sveltes et même acquéraient de la taille, de manière à prendre beaucoup d'analogie avec les chevaux Turcs ou les Arabes, suivant le côté de l'Hellespont sur lequel ils se trouvaient exportés. (M. de Barthelemy a confirmé l'exactitude de ce fait.)

En effet, chaque localité, chaque coin de terre, suivant des conditions qu'il ne nous est pas donné d'apercevoir toutes, produit des variétés dans les hommes, dans les animaux et dans les végétaux qu'il nourrit; souvent ces productions offrent de grandes différences, à de fort petites distances. Quelquefois, sur le versant d'une montagne, vous apercevez une population agile, nerveuse et robuste, plus haut, vous trouvez des crétins et des goitreux; enfin, dans la vallée opposée, vous verrez une peuplade indolente, mais de belles apparences; Eh bien! ce que vous avez observé pour la race humaine, sur un seul point du globe, se fera plus particulièrement remarquer, sur tous les autres, chez les animaux qui sont incessamment exposés aux influences de la localité, ainsi qu'aux conséquences de la même alimentation. En voici, pour les chevaux, un exemple frappant : la majeure partie de la presqu'île Bretonne est coupée par une longue chaîne de montagnes, partageant des races chevalines qui semblent appartenir aux contrées les plus éloignées, tant elles ont peu d'analogie sous tous les rapports; et, malgré les importations et le métissage essayé à des époques différentes, elles ont, de temps immémorial, conservé les mêmes caractères, dans leurs zônes respectives. L'illustre Lacépède avait bien observé cette influence locale, quand il a dit: « La terre montre partout la puissance du sol, « des eaux, de l'air et de la température sur l'organisation et « les facultés animales, »

Il y a ici de la réserve à être sobre de citations confirmatives de cette puissance, quelque singulière qu'elle puisse paraître; et ceux qui pourraient encore en douter demanderont aux éleveurs attentifs s'ils n'ont pas souvent observé que des poulains changeaient de structure en changeant de pays; j'en connais même qui ont remarqué que tel pâturage déterminait plus que tel autre le developpement de la taille, celui des membres, de la chair, des os, etc. Ces puissances *climatériques* se sont manifestées en Normandie, lors de l'introduction immodérée et généralisée des races étrangères.

Celle de la race anglaise présente particulièrement encore un genre d'inconvénient auquel on n'a pas assez réfléchi. Toutes les espèces d'animaux sont, dans la Grande-Bretagne, l'objet de soins particuliers, mais spécialement les étalons. Comme ce traitement, ce régime recherché a donné à cette race chevaline un tempéramment délicat, qui réclame la continuation des mêmes soins, il faut pour ses produits la même hygiène que celle qui avait déterminé les avantages ou les défauts des ascendants, sous peine de voir s'opérer la plus rapide dégénérescense. Aussi que de maladies se manifestent chez les rejetons, outre la phthisie et le grelot nerveux! Est-il raisonnable de supposer, d'après l'esquisse trop vraie de l'état demi sauvage où les productions chevalines sont laissées dans le Cotentin, que des animaux si susceptibles puissent y prospérer? L'espérer serait à peu-près aussi bizarre que de prétendre employer, avec avantage, les fils de nos banquiers à labourer la terre, et leurs filles à broyer le lin.

Le reproche d'avoir importé le sang étranger reparti sur la surface du sol français, sans examen des races qu'il nourrit encore, sans égard pour la manière dont on y élève les productions, s'adressant également aux tendances des administrations de la guerre et de l'agriculture, je crois devoir traiter cette matière d'une manière plus approfondie, au risque de paraître diffus.

On voit la presse s'élever contre l'importation des chevaux étrangers : mais peut-être la cause première de ces introductions, ruineuses pour l'industrie agricole, se trouve-t-elle dans l'exemple donné par ceux qui se sont faits les arbitres du goût. Sans rechercher les motifs des trop nombreuses acquisitions concessionnées chez les puissances voisines, je ne veux voir que l'influence de ces expéditions sur le luxe, toujours stupide imitateur de toutes les fantaisies nuisibles, et qui s'est laissé entraîner à faire prendre ses remontes dans les contrées où les achats onéreux de ses coryphées devaient le porter à croire que se trouvaient les meilleurs chevaux. Il est vrai que la plupart des étalons exotiques sont anglais et que presque toutes les acquisitions des chevaux militaires se sont faites en Allemagne, où l'on peut les obtenir à un prix plus modéré que partout ailleurs. Mais que cette vogue, excitée par l'exemple, vienne de la Bretagne ou de la Germanie ; qu'elle soit alimentée par le mauvais goût ou par l'intérêt, ses effets n'en sont pas moins funestes pour les producteurs, les éleveurs et les consommateurs français eux-mêmes.

J'ai dit que, pour avoir des chevaux anglais, même de demi-sang, il faut les maintenir avec le même régime qui les avait formés. Qui sait et qui peut élever en France des chevaux à l'anglaise ? Quelques riches amateurs l'avaient tenté, souvent sans succès et toujours sans profit ; ils y ont presque tous renoncé, et, comme ce n'est pas certainement le commerce et l'industrie qui pourront et voudront jamais l'entreprendre, on doit abandonner complétement en France cette marche partielle et impratiquable. Si d'ailleurs on veut bien refléchir, il ne peut y avoir aucune parité entre les deux états. Les Iles Britanniques recèlent un peuple d'hippologues, dans toutes les conditions, qui ne reculent devant aucune difficulté pour obtenir et conserver à tout prix les chevaux qui conviennent à leur habitudes. La plupart y consacrent des revenus immenses. On cite parmi ceux-ci lord Gross-Venor, qui dépense annuellement cinq milions à entretenir ses vastes haras sur le meilleur pied. Tout cheval anglais, quelle que soit la condition de son maître, est tenu dans une écurie bien close; il a des bottines et des couvertures de laine, la nourriture la plus recherchée, litière abondante, pansement réitéré de la main, ainsi que l'exercice ou la promenade journalière, un domestique et souvent plusieurs occupés de lui seul; Eclypse avait, chez M. O'Kely, un groom et quatre jockeys à le servir!! Osez donc, sur le continent, faire de l'anglomanie hippique? la France ne peut jouer l'Angleterre que par ses livrées ; le singe n'est pas si maladroit : il n'imite que les actes qu'il voit exécuter entièrement.

Il serait moins déraisonnable et moins désastreux pour elle d'introduire, sur quelques parties de son territoire, des chevaux sauvages ou des calmoucks, parce que la douceur du climat et la bonté des pâturages donneraient graduellement sans doute à leur postérité les formes qui manquaient à leurs ascendants et qu'elle garderait, au moins dans les premières générations, quelque chose de l'étonnante vigueur et du tempérament à toute épreuve de leur type originel. Ce serait suivre, pour ce genre d'introduction, la vieille maxime des planteurs : « qu'il faut prendre les sujets les plus rustiques, produits par » les plus mauvais terrains, pour les placer dans de meilleures » conditions. »

Je ne pourrais cependant conseiller cette voie, que pour expérience, parce que la mienne m'a fait reconnaître que les accouplements de races hétérogènes donnaient, en général, aux productions qui en résultaient, des proportions hors d'harmonie, ce que l'on appelle *décousu*, en terme du métier. Cette disparité des parties s'explique par les lois de la formation des êtres. Lorsque les proportions du mâle et celles de la femelle ne sont pas en rapport, il y a peu de fusion et de compensation entr'elles.

Il en est toujours quelques-unes qui prédominent dans le produit, et se rapportent davantage à l'un des deux individus annexés. On est d'ailleurs certain que, chez les solipèdes, ce produit conserve plutôt la taille, le coffre de la mère et les extrémités du père, ce que la conformation des mulets et celle des bardots prouve jusqu'à l'évidence la plus rigoureuse (1). Il s'en suit que les échappés d'accouplements trop disparates forment des races factices, qui sont, pour ainsi dire, des sortes de mulets, et participent souvent de leurs défauts. On sait qu'ils ont des rapports moins intimes dans toutes les parties de leur individu, moins d'ensemble dans leur construction, d'énergie dans leurs mouvements, et qu'ils sont plus quinteux.

Il ne m'est pas encore bien démontré que l'effet des croisements disparates, joint à plusieurs causes, que ce n'est pas le lieu de déduire ici, contribue à donner aux productions qui en résultent une faiblesse génératrice qui nuit aussi à la fécondité de leurs

---

(1) Le mulet, produit par le baudet et la jument, a toujours, dans les crins, la tête, la queue et les jambes, un rapport intime avec le père; tandis que le reste de la charpente conserve une parfaite analogie avec celle de la mère.

Le bardot, produit par le cheval et l'ânesse, offre, au contraire, des extrémités trop volumineuses pour sa petite taille. Ainsi, les mêmes parties se reproduisent constamment semblables, soumises aux influences sexuelles.

descendants, dont on se plaint généralement. Les avortements sont aussi plus communs dans les races mélangées; et, parmi les productions qui parviennent à un certain âge, il se développe plusieurs germes de maladies, fort rares autrefois, ou même tout-à-fait inconnues, ainsi que je viens de le dire, pour celles du pur sang.

Vous pourriez peut-être vous rappeler, Messieurs, que La Guérinière, Bougelat et Huzard, pere, qui s'y connaissaient presqu'autant que les membres du club-jockey, regardaient les étalons exotiques comme moins féconds que les indigènes.

Je me permettrai de reproduire, à cette occasion, l'extrait d'une réponse que j'adressai, il y a deux ans, à M. de Montécot, et qu'il fit imprimer dans le *Journal d'Avranches*; elle tendait à prouver que partout où les diverses espèces d'animaux se sont le mieux conservées, c'est où elles ont subi le moins de mélange.

. . . .

« Parmi les familles humaines, je ne citerai que les Caphtes, qui, à l'exemple des anciens brachmanes, ne sortent guères de leur pays et ne s'allient qu'avec les filles de leur tribu, ainsi qu'une peuplade encore celtique, dans la Basse-Bretagne, qui ne contracte d'unions que dans son sein, et qui est non moins remarquable par la forte énergie des proportions, que par la grâce des contours. Enfin, depuis le mamouth jusqu'à l'insecte, toutes les variétés qui tiennent de plus près aux races primitives sont encore les meilleures: voyez l'éléphant de Cazdo, le lion de Barca, le chien du Cénis et celui des plaines glacées de Miquelon (1). Et

(1) Et, par opposition, les chiens de chasse de race croisée, surtout par celle d'Angleterre, après avoir été introduits dans les meutes, en ont été rejetés. Consultez à cet égard les pages 28 et 29 de l'excellent traité de la vénerie normande, par Leverrier de la Comterie, où il proscrit rigouresement ce qu'il appelle « *les bâtards anglais.* »

dans l'espèce dont nous nous occupons, les coursiers de l'Arabie Pétrée, restés pendant plus de trente siècles sans mésalliance, sont les meilleurs chevaux du monde, et c'est sur les formes, encore prononcées aujourd'hui dans la descendance de ces races, que l'immortel Phidias semblait avoir pris ses modèles, pour sculpter, en Grèce, bien avant notre ère, ses merveilles équestres et les rondes bosses du Parthenon. Si l'on poussait l'argutie à cet égard, jusqu'à dire que le sang oriental peut seul se conserver bon par lui-même, puisque l'Asie est considérée comme le berceau de toute créature, je pourrais facilement démontrer que, dans l'Occident, il exista aussi des races qui n'offrirent guères moins de mérite et de garantie de durée, sans mélange de sang étranger, pendant une longue suite de générations; les chevaux normands et les andalous ont fait, plus de deux mille ans, sous les mêmes formes, l'objet de l'admiration et de la convoitise de l'Europe. Les chevaux hongrois se conservent ainsi depuis des siècles, dans les vastes haras de Prusse et de Danemarck. Détrompé par l'expérience, on n'y admet plus de sang étranger. Ainsi vous trouvez les principales races du nord, presqu'aussi fortement caractérisées que celles du midi, long-temps semblables à elles-mêmes.

Il est aisé de faire voir que ce goût de l'étrangeté, en matière chevaline, s'il date de plus d'un siècle en France, n'y a pas toujours existé; mais qu'il a été fortement combattu depuis qu'il s'est manifesté, et même que le système de croisement n'y a jamais été mis en pratique avant les temps modernes.

Il faut encore ici, Messieurs, recourir à l'archéologie pour le démontrer, quitte à vous paraître radicalement gothique. Depuis les temps historiques (sans doute contemporains des Hippocentaures, nom des hommes qui montaient le mieux à cheval et auquel a succédé, chez les Grecs d'abord, chez les Romains ensuite et dans le nord de l'Europe, le titre de chevalier), on ne s'était pas avisé de mélanger les races hippiques renommées dans ces vastes contrées: pas plus que chez les Gaulois, dont toutes les médailles monétaires portent l'empreinte du cheval ou de quelques-unes de ses parties; ni pendant l'invasion romaine, ni sous la république des Francs, qui donna naissance à la féodalité : l'Europe n'avait pas cessé de conserver des races locales homogènes sur les plus belles parties de son territoire. Jusque-là pourtant on n'avait guères connu d'autre monture, d'autres moyens universellement employés de transport, d'autre manière de s'illustrer à la guerre, que les chevaux ; homme d'armes était synonyme de cavalier, et chevaucher, de voyager. Cette période, qni comprend près de deux mille ans, eût pu être nommée *hippophile*. Ainsi, les nombreuses populations devaient avoir fait une étude particulière du cheval et des moyens de le perpétuer. Cependant, aucun auteur, aucune chronique n'apprennent qu'on eût tenté d'accoupler ensemble des races étrangères; au contraire, les données les plus précises qui nous soient parvenues montrent une estime traditionnelle et permanente pour celles de certaines contrées, dans lesquelles on se gardait bien de les mélanger; on conservait le *pur sang* qui méritait alors ce nom ; c'était des familles équestres entretenues de temps immémorial; c'étaient des chevaux Chaldéens, Numides, Thessaliens ; c'étaient des chevaux Napolitains, ceux de plusieurs provinces que comprend la France actuelle et de quelques parties de l'Espagne : mais on n'avait guères parlé des chevaux de Germanie et jamais de ceux de la Grande-Bretagne, parce que ces races alors ne faisaient pas l'objet de soins particuliers, les délices des souverains et des habitants de ces contrées. Il était même reconnu que ces dernières ne pouvaient joûter, ni dans les tournois, ni dans les combats, contre celles des pays plus méridionaux, qui étaient les seules recherchées alors.

Comme j'ai traité ailleurs de l'étonnante vigueur et de l'adresse incomparable des chevaux chez les anciens, je ne reproduirai ici que quelques faits plus rapprochés de nous et faciles à vérifier, qui prouvent que, même à la fin du moyen-âge, les chevaux possédaient encore ces qualités à un degré plus éminent qu'aujourd'hui.

Lorsque, réveillé au bruit des meurtres de la saint Barthelemy, Montgomery quitte Paris avant le jour, « il enfourche « une jument normande et vient, tout d'une erre, en son châ« teau de Ducey. » Il fit plus de 80 lieues en trente heures, avec sa monture.

Les marches étaient plus longues alors et plus difficiles dans des routes moins frayées, les lieux de repos plus rares ; cependant les chevaux des guerriers étaient plus pesamment chargés. Le chevalier portait une armure offensive et défensive évaluée à près de cent livres, outre les bandes de métal et le harnais compliqué dont l'animal était encore couvert ; le poids de l'armet complet du héros-d'armes était de plus de deux cents livres. La charge entière du dernier cheval que monta Guillaume-le-Conquérant, à la prise de Mantes, surpasse quatre quintaux. Enfin, M. de Barante rapporte, dans son *Histoire de Bourgogne*, que l'on vit le duc Philippe, père de Charles-le-Téméraire, dans un tournois qu'il donna à Paris, « *chévaucher habilement*, » ayant en croupe la duchesse d'Orléans et devant lui la plus belle damoiselle de Paris. Il est très-douteux qu'il y ait maintenant en France des chevaux qui puissent supporter de telles fatigues, avec de tels fardeaux.

Aussi, les chevaux avaient-ils alors une valeur vénale bien plus considérable que celle qu'ils ont à présent. L'Abbé De La Rue, dans son histoire de Caen, assigne ainsi leur prix comparatif, vers le XIVe siècle : celui du roucin ou roussin était à-peu-près égal au prix d'un arpent de terre ordinaire ; le prix du destrier était le même que celui de deux acres, et le palefroi valait quatre vergées de prairies.

Plus tard, les races autrichiennes, prussiennes, hanovriennes, furent signalées pour les remontes militaires, parce que, dans ces états, on institua de bonne heure soit des haras forestiers, demi-sauvages, soit des établissements mieux surveillés, dans lesquels on améliora les races indigènes, moins par des accouplements recherchés que par des soins assidus et un régime héréditairement analogue aux productions du sol. Cet état de choses s'est perpétué jusqu'avant nos jours, en s'étendant progressivement au Danemarck, à la Russie, et enfin à la Silésie, où Frédéric II a formé de magnifiques haras.

L'Angleterre ne reconnut guères plus tôt la puissante impulsion que sa persévérante et tenace industrie pouvait donner à ses races chevalines et les moyens de vaincre les difficultés qu'un climat constamment brumeux opposait aux progrès de l'amélioration d'une des espèces de quadrupèdes la plus sensible aux influences locales. Ce ne fut guères qu'après le règne de Henri VIII, que les vainqueurs des courses, qui avaient reçu d'abord des clochettes de bois, ensuite d'argent et plus tard des coupes d'or, généralisèrent le goût des chevaux de première vitesse ; mais leurs races n'étaient pas alors arrivées à un tel degré de fashion, et les nôtres n'étaient pas encore descendues, dans la réalité ou dans l'opinion, à une telle infériorité sous Elisabeth, que cette princesse et sa cour ne reçussent avec admiration six étalons normands, envoyés par Henri IV, et qui furent répartis dans les haras princiers. Les courses et le luxe des équipages, qui devinrent une sorte d'utile monomanie pour les lords, multiplièrent encore, au moyen d'une éducation toute paternelle, des variétés de races infinies.

Comment la France, qui peut apprécier ces faits et ne peut suivre ces exemples, serait-elle assez aveugle pour méconnaître qu'avec son territoire, qui fut à la fois le berceau, l'intermédiaire et le séjour naturel des meilleures races occidentales, elle ne doit s'en rapporter qu'à elle sur les moyens de régénérer et de conserver ses races, qui sont certainement les mieux appropriées à son sol, à ses industries et à ses moyens d'éducation. Si elle n'y parvient pas par elle-même, la faute en est immanquablement aux méthodes qu'elle suit : qu'elle se corrige !!! (1). Quoique beaucoup de funestes écueils, qui lui ont été signalés, ne l'aient pas détrompée sur les conséquences de ses erreurs, nous essaierons de lui proposer un moyen efficace, dans le chapitre suivant.

Mais ajoutons auparavant, que la réflexion eût au moins dû inviter les hippobotes anglo-francais à s'éclairer aux leçons du passé, avant de prendre des opinions tranchées sur une question de cette importance. Ils auraient pu, même sans remonter aussi loin que je viens de le faire, savoir que Louis XIV avait voulu fonder des haras provinciaux et introduire des étalons anglais à l'emploi desquels on se vit bientôt forcé de renoncer, surtout lorsque Newscastle, avec une franchise ultrà-britannique, eut écrit à l'un de nos plus célèbres hippiatres : « Je ne sais com- » ment, vous, qui possédez en France les plus belles races du » monde, venez en Angleterre chercher des chevaux !.... » En effet, son manége, à Londres, n'était remonté que par des normands et des limousins.

Il est à-peu-près démontré que cette première introduction des étalons anglais en Normandie a commencé l'œuvre de destruction continuée, sous Louis XV, par les importations nombreuses de chevaux danois, que fit exécuter le marquis de Brige, en les plaçant chez les gardes-étalons de cette province. Ces chevaux de tête, qui séduisirent d'abord les éleveurs par leurs belles formes, firent naitre aussi des défectuosités essentielles dans les races du Bessin et du Cotentin, sans les doter de qualités réelles : voilà l'effet de la plupart des croisements : ils sont comme les contacts malencontreux ; les races amalgamées se com-

---

(1) « Comment pourrait-elle élever des races que l'on prétend plus » précieuses, si elle ne sait pas maintenir celles qui lui sont propres ? » (Mme la baronne de P.)

mnniquent mutuellement leurs défauts et leurs vices, et perdent ensemble les avantages qui les faisaient distinguer. C'était sans doute par ces motifs que Napoléon, saturé d'idées lumineuses, voulut, quand il créa les haras, « régénérer les différentes ra-« ces de chevaux que possédait et que possède encore la France. » Ce qui prouve que sa pensée fut comprise alors, c'est que ces établissements nouvellemet créés « furent généralement compo-« sés d'étalons appartenant aux diverses races qu'on supposait « homogènes à celles des contrées qu'ils étaient destinés à des-« servir. »

Le *Manuel du haras*, par Pichard, est rempli de regrets sur la négligence que l'on apporte à maintenir la race Normande et sur l'introduction de chevaux anglais. J'ai entendu plusieurs fois le comte de Bonneval, *irremplaçable* directeur du haras du Pin, en gémir, et M. Huzard, père, me faisait encore l'honneur de m'écrire, le 14 décembre 1819, « Que le meilleur » moyen de régénération de la belle et bonne race normande était la suppression des étalons, et autres chevaux anglais. » M. de Solenné, premier organisateur des haras et qui avait parcouru l'Europe pour observer les races, écrivait il y a quelques années: « Et pourquoi le titre d'Anglais suffit-il pour don-« ner une grande valeur à un mauvais cheval? Ne voyons-« nous pas tous les jours nos marchands de Paris donner le « change à nos jeunes anglomanes, en attribuant une origine « anglaise à des chevaux nés en Normandie? »

Il fallait bien alors que les vendeurs, pour donner à nos races chevalines l'apparence de celle d'outre-mer, leur fissent subir des opérations douloureuses, qui dégradent ce bel animal, en nuisant tout-à-la fois à sa grâce, à sa santé et même à sa vitesse.

Car il est reconnu que la perte des crinières et surtout la saction de la queue ôtent ces avantages à tous les quadrupèdes, et privent encore les juments, quand elles sont mères, d'offrir à leurs poulains un lait aussi pur qu'abondant, par la difficulté de se garantir des attaques des mouches, durant les ardeurs de l'été.

Enfin, Messieurs, rien ne vous prouve mieux la perpétuité d'opinion que manifestent sur ce point les hommes qui savent observer, que l'extrait ci-joint d'un mémoire présenté au ministre de l'intérieur, en 1829, par la commission qu'il nomma alors. Cette commission, réunie à Saint-Lo, chez le préfet, qui la présidait, était composée de MM. Avril, député, général Roger, marquis de Montécot, comte de Blangy, chevalier de Saint-Paul; j'en faisais aussi partie...............................

.... Cette commission a dû commencer ses observations par l'expression « du regret qu'elle éprouve de voir le Cotentin, qui « fut le berceau de l'ancienne race normande, dépouillé des « premiers éléments de prospérité. Pour comprendre combien « il a fallu de soins mal entendus et même d'efforts, pour en faire « disparaître le type primitif, la Commission a cru devoir porter un instant l'attention de son Excellence sur la localité.

« Le département de la Manche, si renommé par ses races du « Cotentin et du val de Saire, a produit naturellement les meilleurs carrossiers du monde connu. Ce qu'on n'acquiert dans les « autres pays, que par des soins assidus, dispendieux, les Bas-Normands l'obtiennent des mains de la nature. . . . .

« Quelques faits viennent à l'appui des assertions :

« 1° Le climat et les pâturages de la Basse-Normandie sont « tellement propres à développer certaines qualités dans les chevaux, qu'on importe, chaque année, plus de 1500 poulains « bretons et poitevins, de l'âge de 12 à 18 mois, qui y prennent « leur accroissement, et, malgré le mauvais effet des travaux « dont on les accable, se vendent encore avantageusement « à l'âge de 4 ans, et bien souvent sont donnés pour de véritables chevaux normands.

« Il est peu de pays où les chevaux soient livrés de si jeune « âge aux fatigues les plus rudes, où les accouplements se fassent avec si peu de choix et soient aussi précoces. Il n'est

5

« point de contrée où leur nourriture et les soins qu'ils exi-
« gent soient aussi mal administrés ; cependant, malgré ces
« causes bien constatées de dégénération, la race ne s'est point
« entièrement perdue, et, avec de prompts secours, on pourrait
« encore la relever. Elle se trouvait naguères à un juste degré
« d'estime dans toutes les parties de l'Europe. Ces insulaires
« si connus par leur orgueil national sont venus lui rendre hom-
« mage, en faisant acheter, en 1818, à la foire de Guibray, plu-
« sieurs poulinières de race normande. Les Espagnols, dont la
« renommée des coursiers surpasse le mérite, ont fait enlever ré-
« cemment, dans la plaine de Caen et le Bessin, pour 50,000 fr.
« d'étalons et de poulinières, et l'Empereur de Russie a fait ache-
« ter à Caen six étalons de la plus belle espèce. Le Roi de Ba-
« vière a fait enlever à Caen, en 1819, neuf étalons et neuf pou-
« linières, et il a été expédié, de la même foire, dix étalons pour
« Madrid. De toutes les parties de la France, on vient encore en
« épuiser les vestiges, sans parler ici des conseils généraux des
« départements du Bas-Rhin, de l'Ain et de plusieurs autres,
« qui votèrent des fonds pour s'en procurer, par les soins de
« MM. leurs préfets respectifs. Enfin, les meilleures productions
« chevalines de la Manche sont annuellement exportées dans
« les départements du Calvados et de l'Orne.

« Il est de fait que l'espèce normande offre, sur toutes les autres, d'immenses avantages ; elle est propre à tous les genres de services que l'on veut en exiger. Elle est précoce, elle est sobre, peu maladive, courageuse, de longue haleine, et sa construction offre la grâce jointe à la solidité.

« La vraie race normande n'est pas celle que maintenant on nomme ainsi, et qui a néanmoins usurpé une partie du terrain de la première. Les chevaux que l'on a dans la plaine de Caen et la partie haute du Bessin ne sont qu'une variété que l'on prétend améliorée. Il est certain qu'ils ont plus d'apparence que l'ancienne ; mais ils sont moins près de terre, moins bien soudés, moins robustes et plus délicats. Cependant, ces sortes

de races proviennent encore en partie de cette race primitive . . . .
.... » Il serait bien difficile de trouver aujourd'hui un seul bon étalon de cette espèce, et elle pourrait s'anéantir, si son excellence n'autorisait pas, sous le plus bref délai et sur le lieu même, l'acquisition de plusieurs poulains de 18 mois à 2 ans, pris parmi ceux qui rappellent le plus de l'ancienne race noire... Ces animaux seraient réunis dans un lieu également propre à l'élève des chevaux de selle et de carosse, entourés de pacages de diverse nature, et confiés au zèle d'hommes capables de veiller à leur conservation et à leur éducation. Il n'est pas nécessaire de reproduire ici tous les genres d'avantages qui résulteraient de cette mesure conservatrice et qu'avec un bon mode d'exécution on pourrait appliquer à la remonte des haras.
. . . .

» La commission demande encore que le poulain dont la mère aurait été primée l'année précédente soit examiné de nouveau dans le concours suivant, et que, s'il est susceptible de réaliser les espérances qu'il avait données, le chef du dépôt d'étalons ou quelque propriétaire nommé *ad hoc* soient autorisés à en faire l'acquisition, pour le réunir ensuite au dépôt de poulains dont il a été parlé ci-dessus. Comme il serait possible que quelques chevaux de sang échappassent à nos investigations, ou que d'utiles rejetons de l'ancienne race normande fussent livrées dans la foule aux officiers de la remonte, M. Roger a bien voulu prendre l'initiative à cet égard, et proposer d'en donner connaissance à l'administration pour les lui retrocéder. ».............

Plus loin : « La commission demande l'augmentation du nombre d'étalons, et, si elle est accordée, elle doit se faire à peu-prés mi partie en carrossiers *et en chevaux de selle*, ayant surtout des allures droites, franches et très libres; qualité dont la disparition est encore plus effrayante que celle des formes, et se perd dans la Basse-Normandie, avec le goût de l'équitation.
. . . .

» Enfin, un mémoire présenté par un des membres de la commission, sur les moyens simples et bien peu dispendieux d'établir un haras en liberté, dans les forêts ou les landes du département, l'a portée à en délibérer l'adoption, qu'elle a crue particulièrement avantageuse au bien du pays, et même aux intérêts généraux.

» Elle propose donc à Son Excellence de la mettre à exécution dans une des localités convenables qui s'y trouvent. Ces sortes d'établissements, formés chez toutes les puissances du nord, prospéreraient sans doute beaucoup plus rapidement sur un sol fertile et dans une région tempérée.

« Ainsi la commission n'hésiste pas à croire que la sollicitude de son excellence, qui veut bien la consulter sur les besoins du pays, ne lui accorde cette dernière demande.

» En conséquence, pour arriver à ce but si désirable, de la manière la plus économique, elle réclame en faveur de ce projet la cession gratuite des juments de réforme de la maison des princes ou de celles des écuries des gardes. L'emploi de ces cavales, comme poulinières, pourrait obvier, jusqu'à certain point, à la pénurie où nous jette le trop petit nombre d'éléments reproducteurs, et l'on ne verrait pas journellement les restes de nos races les plus précieuses périr misérablement sous le fouet sanglant d'un cocher de fiacre.

« Cette disposition aurait l'avantage inappréciable de rendre au sol natal une partie de ses meilleures productions, depuis surtout que leurs remontes ne s'effectuent qu'en Normandie.

« Ce premier bienfait serait couronné par celui que sollicite la commission; et par là se renouvellerait sans cesse la source qui tarit; par là, la race normande renaîtrait en peu de temps, puisque les chevaux, devenus les fils du sol et du climat, résoudraient le problême des mêmes effets par les mêmes causes. » — Suivent les signatures.

Pour compléter ces autorités, puisqu'il en faut beaucoup citer, examinons sommairement si, depuis quinze ans, malgré les progrès rapides de l'anglomanie, l'opinion des agronomes les plus compétents a changé sur ce point : encore aujourd'hui s'élèvent de toutes parts des vœux, pour demander au gouvernement la régénération de plusieurs de nos belles races perdues ; le conseil général d'agriculture, réuni sous les yeux et par ordre du ministre, vient, dans un vote du reste favorable au budget des haras, de réclamer l'acquisition d'étalons *des races de trait françaises les plus précieuses.*

Quant à ce département en particulier, lors de la réunion de l'association normande à Cherbourg, il y deux ans, M. de Tocqueville demanda, en séance publique, « le rétablissement de cette bonne » race de la Hague, presqu'entièrement perdue aujourd'hui. » Ce qu'au reste MM. les membres du conseil général ne cessent de faire, dans chaque session, pour la race plus précieuse du Cotentin, et particulièrement dans leurs dernières réunions.

Les hommes de l'art, pour être divergents en certains points, n'en sont pas moins généralement opposés au métissage. Si l'on voit M. le général Castelbajac, qui connaît fort bien les régions méridionales de la France, affirmer, dans une lettre reproduite par les journaux du temps, que les chevaux anglais ne conviennent pas comme producteurs dans toute cette belle partie du royaume, et ajouter *que leurs croisements avec les juments de la Normandie doivent être favorables*, de l'autre côté, on remarque que l'opinion de l'un des plus anciens agronomes de la Manche (M. Samson), insérée dans les délibérations du conseil général, dont il est membre, et reproduite aussi par les gazettes locales, se prononce fort contre l'introduction des étalons anglais en Normandie ; mais celui-ci *ne réprouve pas leur emploi avec les juments du midi.* Certes, on n'accusera pas ces Messieurs d'une opposition systématique aux innovations. Ils font même preuve d'un esprit très-conciliant, puisqu'ils relèguent dans des contrées fort éloignées de celles qu'ils connaissent et qu'ils habitent les producteurs anglais, et c'est de leur part une bien large concession à la marche administrative.

Et M. le capitaine de cavalerie Blanpré, membre du conseil général du département de l'Orne, vient encore, dans l'*Annuaire de l'Association Normande de* 1842, de *déclarer*, d'une manière positive, que les croisements anglais avaient gâté les belles races du Merlerault.

Les auteurs justement estimés des *Institutions Hippiques* ont bien démontré, surtout à la page 102, 1er v°, qu'en *cultivant* seulement la vitesse chez le cheval de race noble, les autres qualités se perdent, et *qu'il lui est impossible de les transmettre à ses fils*.

En vous citant encore ici, Messieurs, les dangers attachés à l'emploi d'étalons anglais, signalés par M. Aman, médecin-vétérinaire, consignés dans un ouvrage qui vient de paraître, je vous priverais du plaisir de les lire dans l'original.

CHAPITRE III.

Formation de Dépôts de Poulains.

Et pourquoi, s'il vous plaît, Messieurs, l'établissement des dépôts de poulains, demandé avec raison depuis long-temps, serait-il « *une institution ruineuse et faisant une concurrence fu-» neste à l'industrie commerciale?* » Le service des étalons et le concours de leurs productions dans les courses dirigées par l'administration, ainsi que l'achat des chevaux de troupes, effectué par les officiers de remontes, établissent une rivalité avec ce commerce, qui nuit bien plus aux bénéfices qu'il voudrait se réserver, que ne pourraient le faire des réunions de poulains, issus en partie de juments destinées au service de la cavalerie !

Ou plutôt, pourquoi la formation d'écoles modèles, propres à apprendre aux cultivateurs les soins et les ménagements qu'exigent ces jeunes animaux, et servant à démontrer la durée, la santé et la vigueur dont on peut les doter par des soins judicieux administrés dans leurs premières années, serait-elle stérile ?

Pourrait-il être nuisible au commerce, que, sur plus de deux cents mille poulains produits en France chaque année, le gouvernement s'en réservât quelques mille, pour leur donner une meilleure éducation que celle qu'ils eussent reçue chez les producteurs ?

Et, quand il serait aussi vrai qu'il est faux que cette institution fût dispendieuse, l'utilité qui en résulterait pourrait-elle être ruineuse pour l'État, comme le répètent ceux qui devraient savoir que sa richesse doit moins consister dans les valeurs vénales que dans celles des productions de son territoire, et que le plus haut degré d'instruction des cultivateurs, dans tous les procédés agricoles, est son premier devoir, et détermine sa plus haute prospérité.

Pourquoi, d'ailleurs, les dispensateurs des deniers publics craindraient-ils de verser dans les mains de l'industrie, et surtout de l'industrie rurale, des sommes qui lui reviendraient bientôt, par la plus value des fonds territoriaux, ainsi que par tous les genres de contributions qui frappent leurs produits !

Je ne puis résister au désir de recourir de nouveau, sur ce sujet, à l'histoire, qui instruit à bien meilleur marché que l'expérience, devenue rare : vous savez Messieurs, que, sans rappeler les dieux d'Homère, qui alimentaient leurs chevaux immortels d'ambroisie ; sans citer ces héros, qui ne dédaignaient pas de nourrir leurs jeunes cavales, aux pieds d'airain, avec la meilleure orge ou le plus pur froment, toutes les races équestres n'ont jamais prospéré dans les pays où l'on n'a pas administré des soins particuliers et spéciaux aux élèves, pour lesquels *l'ascendance* n'était guères qu'une condition secondaire de bonté.

Déjà les souverains de la Chaldée et ceux de la Phénicie avaient formé des réunions de chevaux et de poulains (1), sur le modèle desquels

(1) Les Phéniciens révéraient les chevaux entre tous les animaux : une cavale était l'emblême de la superbe Tyr. La plupart de leurs médailles représentent un cheval. Celles qu'on a retrouvées dans les ruines de l'ancienne Sagonte et ailleurs offrent cette effigie, d'un beau fini de travail.

se formèrent les écuries de Salomon, et peut-être, plus tard, les haras d'Epire, d'Argos et de Mycènes, avant que les empereurs romains en établissent en Italie de plus vastes, dans l'un desquels on compta jusqu'à 18,000 productions (1). Il n'y avait probablement pas d'épizooties à cette époque, ou bien on connaissait mieux le moyen d'en prévenir les effets. . . . .

Les Francs héritèrent des goûts hippiques des Grecs, ce que prouvent quelques détails dont vous me pardonnerez, j'espère, la minutie. Ils leur empruntèrent même, avec les noms des plus simples ustensiles servant à ces animaux, tels que l'étrille, celui de plusieurs fonctions équestres, qui devinrent de hautes dignités. Partout des prérogatives, des titres éclatants ou de grandes largesses pour les meilleurs écuyers ou conducteurs de chars. Ainsi les vieux Français attachèrent de nombreux privilèges aux soins qu'exigent les chevaux.

Depuis les règnes de Charlemagne et de Robert-le-Magnifique particulièrement, les chroniques normandes font mention de terres immenses consacrées à leurs productions et leur entretien.

Plusieurs domaines de main-morte possédaient des haras, et fournissaient aussi des redevances en palefrois, destriers et roussins, tels que ceux des abbayes de Lessay, Fontenay, du Bec, etc. Elles offraient une cavalerie prête au besoin à entrer en campagne. Le connétable ne fut d'abord que le gardien de l'écurie (*stabuli comes*), pendant plusieus siècles. Les Marmion, les Goyon, les Duhomet, furent héréditairement revêtus de ces fonctions, dans la Basse-Normandie. Les seules écuries des Mar-

(1) Ces haras n'etaient pas trop nombreux pour fournir les remontes de la cavalerie et entretenir les établissements des postes, si multipliés dans tout l'empire romain. Il en existait où l'on employait jusqu'à dix palefreniers, sans compter les courriers. Cyrus paraît être le premier qui ait procuré, par ce moyen, des communications rapides dans tous ses états.

mion purent fournir jusqu'à 300 lances complètes. Les haras des Matignon ont toujours été fort considérables. Il est plus que probable que les connétablies, où par suite on rendit la justice, ne furent que des établissements de ce genre, sous la direction des connétables et des maréchaux, leurs lieutenants. Comment croire en effet que, pendant cette période, le cheval ne fût pas traité avec des égards particuliers, quand la gloire et la vie du cavalier dépendaient, plus spécialement qu'à aucune autre époque, de sa solidité. Son importance fit même donner de belles prérogatives à ceux qui étaient chargés en sous-œuvre des soins nécessaires à ce roi des animaux domestiques : elles ne furent guères moins éminentes que près du souverain lui-même : aussi le simple *palefrenier*, ou gouverneur du palefroi, obtint-il les faveurs nobiliaires. Il en fut de même du marchand de chevaux et du maréchal, ou ferrer ou ferrant (*smith* en anglais) (1).

Ces usages et l'emploi de grands domaines affectés au maintien des races chevalines furent communs à l'Italie, à l'Espagne et à la France, pendant plus de huit siècles et durant tout l'éclat de la pureté des générations équestres de ces contrées. Comment donc se pourrait-il faire, maintenant qu'il n'y a plus de vastes pacages, de grands revenus et d'hommes spéciaux consacrés à leur entretien, que les précautions attentives et suivies qu'exigent les chevaux dans leur jeunesse ne fussent plus une condition indispensable de leur valeur dans un âge plus avancé, et que l'amélioration s'effectuât tant que l'élève sera livré à la routine ou bien à la détresse de la généralité des nourrisseurs ?

Si les dépenses nécessaires à l'acquisition, à la nourriture, ainsi qu'au dressage de quelques poulains de choix, pouvaient être considérées comme onéreuses au trésor public, je dois redire qu'avec le montant des acquisitions de producteurs et de

---

(1) Voyez la note à la fin de ce Mémoire.

remontes militaires faites en pays étrangers, on eût maintenu facilement en France le nombre de poulains voulu pour les haras et la cavalerie.

Dans l'état actuel de notre agriculture et de notre industrie chevaline, il semble plus impossible que jamais de former aucune race qui puisse s'améliorer pendant plusieurs générations, ou même se perpétuer, s'il n'est ouvert aux poulains un asile vraiment hospitalier, pour les maintenir dans les conditions de leur origine. Il devient donc indispensable, avant de tenter aucune propagation recherchée et suivie de races indigènes ou exotiques, que le gouvernement intervienne et forme des établissements propres à en recueillir les échappés et à les entretenir dans l'état sanitaire intégral, voulu pour la conservation de leur race.

Sans cela la nature, contrariée dans son principe et mal secondée dans les résultats, se vengera des violences qui lui seront faites, en ne reproduisant pas les qualités des races locales et en exagérant les défauts des races croisantes. Au lieu du vigoureux cheval de la hague, du solide et sobre cheval de l'Avranchin et de l'excellent Cotentinois, on ne trouvera plus que des races bâtardes, contrefaites, saturées de métissage et n'ayant pour caractère distinctif que de la faiblesse et des infirmités. On aura perdu ces types précieux, pour y gagner, à grands frais, quelqües formes extérieures, qui ne rendront les chevaux propres qu'à figurer à la parade ou sur un hippodrome.

Il est à tel point indispensable que des soins bien entendus, donnés aux échappés d'une race quelconque, concourrent à maintenir les caractères qui la distinguent, qu'il est peu d'exemples, chez les puissances voisines, qui ne prouvent que l'espèce chevaline ne se soit pas abâtardie chaque fois que l'Etat, le souverain ou les grands propriétaires n'ont pas fait procréer et dresser les élèves qu'elle a produits, sous les mêmes influences extérieures, d'après un régime particulier et judicieusement ordonné.

Si les races germaniques et anglaises se sont perfectionnées rapidement, ainsi que nous l'avons vu, elles ne l'ont dû qu'à des établissements modèles, qui ont appris cette foule de soins permanents, complets et absolus, par lesquels les productions recevaient successivement la naissance, l'alimentation et l'instruction jusqu'à leur parfait développement, sous la même direction et dans les mêmes lieux.

Prié, en 1834, par M. le président du conseil général, ancien officier de cavalerie, de lui donner un travail spécial sur cette importante matière, je lui adressai un projet pour ériger une école de l'élève des poulains, dont il voulut bien, par des lettres itératives, me témoigner son approbation ; je me ferai un devoir d'en joindre ici un fragment, pour tout complément à ce que j'ai dit à ce sujet. . . . .

. . . .

» Il est encore quelques contrées où l'on sait produire, où l'on sait appareiller l'étalon à la cavale, où l'on veut bien ne pas livrer celle-ci à des fatigues excessives, pendant la gestation et l'allaitement; mais il n'en existe plus dans le royaume où l'on donne une nourriture et des abris convenables aux productions, ainsi qu'une gymnastique appropriée à leur race, à leur force et aux divers genres d'emplois auxquels elles sont destinées. On ne sait plus leur fournir l'éducation, cette seconde création, peut-être plus importante que la première pour tous les êtres organisés. C'est au manque absolu de culture que l'on doit attribuer la décadence de la race chevaline. S'agit-il réellement de planter un arbre pour en recueillir des fruits abondants et savoureux? Non, il faut encore assurément que l'industrie fasse de plus grands efforts que ceux de confier ses racines à la terre. Mais la proportion et l'utilité des soins est encore beaucoup plus large pour le développement et tous les genres de mérite requis pour la plus haute utilité de ce compagnon des travaux de l'homme.

» La plus simple pratique doit démontrer la nécessité impérieuse d'accorder une surveillance et une direction mieux entendue qu'on ne l'a fait jusqu'ici, à l'éducation des poulains, afin de replacer les races françaises au rang qu'elles doivent occuper. Toutes leurs bonnes qualités ne résulteront que des pratiques constantes et généralisées chez tous les producteurs : si l'on veut de bons élèves, il faut d'abord créer de bons éleveurs, et, pour former des éleveurs, il faut d'abord des écoles expérimentales de l'élève.

Au moment où l'on croit sentir le besoin de régénérer nos races chevalines et de leur donner enfin l'essort qu'elles avaient jadis et qu'elles n'auraient pas dû perdre, on doit s'occuper avec d'autant plus d'activité de l'élève, qu'il n'existe plus d'établissements ni de propriétés consacrés à l'éducation des poulains. On voit avec peine l'inconcevable abandon où se trouvent les derniers rejetons de nos races hippiques. On les énerve par une mauvaise nourriture, on les avilit et on les déforme en les soumettant trop jeunes aux travaux les plus grossiers. Il existe bien quelques propriétés où les poulains sont nourris avec les bœufs jusqu'à l'âge de trois à quatre ans, mais sans que l'on ait pris le soin de développer leur adresse et de commander à leur indocilité; cet inconvénient, bien moins grave que le premier, n'est cependant pas toujours exempt de suites fâcheuses. Ces chevaux, ayant passé l'âge où l'instruction peut être prompte et facile, dans un état d'abandon et de sauvagerie, deviennent difficilement souples et soumis, ainsi que l'a inféré Virgile. (1)

---

(1) « Ne l'engraisse surtout qu'après l'avoir dompté;
« Autrement son orgueil n'est jamais surmonté.

L'abbé DELILLE,

L'instruction des chevaux de troupe, achetés jeunes, est donnée à-peu-près suffisante dans les dépôts de remonte ; il n'en est pas ainsi des étalons, qu'il serait cependant nécessaire de perfectionner dans tous les genres d'exercices auxquels ils sont aptes par leur conformation, parce qu'en les dressant on les rendrait doux et dociles en toute cir

« Il n'est donc pas de moyen plus efficace, plus puissant, pour améliorer les races indigènes et généraliser leur emploi, que d'apprendre aux producteurs à mieux élever leurs poulains, par la formation d'établissements destinés à cet objet : c'est ce qu'avaient déjà entrevu les fondateurs des haras, comme le seul moyen de se procurer des étalons dressés, nets, et toujours plus féconds que ceux qui ne sont point acclimatés. C'est ce qu'ont jugé plusieurs fois nécessaires les officiers chargés des remontes et les ministres connaisseurs. Leurs demandes avaient été reproduites, même dans un temps où il existait encore un grand nombre de propriétaires qui s'occupaient utilement de l'élève du cheval.

« Maintenant que la richesse court en demi-fortune et la gloire en omnibus, la formation de ces établissements, supplémentaires à la perte du goût parmanent des classes opulentes, devient plus que jamais nécessaire, surtout au moment où les utiles exemples et les nombreuses productions que donnaient aux cultivateurs circonvoisins les vieux fils de la terre, ont cessé sans retour.

---

constance, et qu'ensuite on développerait leur adresse et leur vigueur au plus haut degré. En exerçant graduellement les sujets destinés à la reproduction, on double leur force ; et les moyens acquis, comme les qualités du cheval, sont sans doute plus généralement transmissibles à la postérité que ses formes mêmes.

Tous les fils des étalons de selle, dressés et *bien mis*, existant dans les haras que j'ai dirigés, avaient beaucoup plus d'intelligence et de force relative que ceux des producteurs qui n'avaient reçu aucune éducation. J'instruisis un étalon qui n'avait guères que des instincts sauvages, qu'il avait déjà communiqués à ses premiers échappés ; il devint sage et très-agréable à monter : eh bien ! nous remarquâmes que, depuis son dressage, ses productions montrèrent constamment plus de douceur et une grande *academie* naturelle.

D'ailleurs, quel connaisseur « *ayant la prudence, la patience* « *et la science* » que réclame La Guernière, en toute affaire équestre, qualités qu'on n'acquiert communément que par la dépense d'une partie de sa vie, voudroit aujourd'hui courir les risques d'être taxé de monomanie par ses voisins ou mis en curatelle par ses héritiers, en consacrant tous les instants qui lui restent à la culture des chevaux de bonne race, des chevaux limousins particulièrement, qui n'atteignent l'entier développement de leur force qu'à six ou sept ans. Le gouvernement, ou les administrations locales, peuvent donc seuls, dans l'intérêt général, former des pépinières chevalines.

Ce projet, ou plutôt cette renovation, est nécessaire à cette époque, et prouvera qu'elle est comprise. On a déjà offert des encouragements aux courses, aux étalons, aux poulinières; mais aucun n'était plus utile à donner, que celui dû à l'éducation des jeunes chevaux.

S'il survenait des oppositions à ce projet d'institution, que l'état des choses réclame plus que jamais, pour éviter la seule objection fondée qn'il puisse rencontrer, aux yeux des petits économises qui font une trop grande différence entre les fonds du trésor et les déniers publics, on pourrait commencer ces établissements sur d'étroites proportions, et dans quelques localités seulement qui produisent les races les plus précieuses, dans celles qui sont encore favorisées de pâturages réunissant des qualités telles, que le produit des élèves puisse, au bout de deux ou trois ans, couvrir la majeure partie des frais d'acquisition et d'entretien.

Nulle part un établissement modèle de ce genre ne pourrait être plus utilement placé que dans la Manche; parce que c'est la localité qui offre le plus de ressources, sous tous les rapports, non-seulement comme berceau de l'ancienne race normande, mais encore comme celle qui engendre le plus de poulains de distinction. Puisqu'elle fait naître, elle doit mieux élever que les autres contrées, surtout quand elle possède tous les avantages propres à donner le plus haut degré de développement aux diverses facultés du cheval.

J'ai lu quelque part que les vérites ont leur âge, comme les nations : elles commencent par être une absurdité révoltante ou ridicule, selon la gravité du sujet ; plus tard, c'est une aberration, que l'on excuse quelquefois ; bientôt après, ce n'est plus qu'un paradoxe qui, reproduit, devient à la mode et finit par être axiôme. . . . . . .

Je ne puis rien à la division des propriétés, rien aux chemins de fer, rien aux conséquences, qu'il faut subir, de l'incurie, de la lésine, de la maladresse avec lesquelles on a conduit les générations hippiques en France ; rien contre la fureur des chevaux exotiques, dont le luxe est atteint ; mais, si ma voix, peut-être importune et non pas hostile, pouvait éclairer quelque dépositaire de la puissance, je me trouverais dédommagé de redire ici, pour la dernière fois sans doute, ce que je n'ai cessé de répéter depuis trente ans.

G. HOUEL.

(NOTE.)

On sait que *maréchal* vient du vieux saxon, dans lequel la décomposition de ce mot offre les dérivés suivants : *mar* (cheval) et *schall* (serviteur). Il est d'autant moins étonnant que les disciples de Vulcain (qui n'est autre que le Tubalcain de l'Ecriture), fussent honorés dans les temps héroïques, qu'outre l'importance de leurs autres travaux, ils étaient employés à confectionner les armures des guerriers et des chevaux les plus célèbres, travail qui les tenait sans cesse en rapport avec tout ce qu'il y avait de puissant. Mais ils joignaient encore aux plus hautes connaissances métallurgiques celles de la médecine vétérinaire, et alors, comme plus tard, ils remplissaient les fonctions d'experts dans toutes les luttes équestres. Leur profession reçut un nouveau degré d'importance antérieurement au moyen-âge, par la nécessité d'apposer des défenses métalliques aux pieds des chevaux, dans les climats humides. On peut reconnaître la prééminence de leurs titres dans ceux de *maréchal-des-logis*, *maréchal-du-palais*, *maréchal-du-camp*, etc. S'il pouvait rester quelques doutes à cet égard, ils seraient changés en certitude par une note de M. l'abbé de La Rue, publiée dans les *Mémoires de la Société des Antiquaires*, 1841, que je crois devoir reproduire :

« La famille Le Maréchal, ou de Venoix, possédait un fief à Venoix, » et à ce fief était attaché l'emploi de surveiller les écuries du duc et » tout ce qui tenait à la récolte des foins des grandes prairies de Caen. » En raison de cet office, le possesseur du fief susdit était qualifié de *maréchal de la prairie*, et son fief était dit *fief du maréchal.* »

La semelle de métal, confectionnée souvent en argent et quelquefois en or par ces *gemtilshommes*, fut jadis plus ornée, et sans doute plus favorable à l'élasticité naturelle au pied du cheval, que les fers dont on se servit depuis. On peut en voir une preuve matérielle dans les musées d'Honfleur, d'Avranches et de St-Lo, où il se trouve des fers très-anciens, dont l'un porte une date millénaire authentique. Ils sont peu couverts, sans ajusture, et chaque étempure échancrée est saillante en-dehors de la branche, pour que la tête du clou, brochée plus maigre, puisse avoir du jeu et que le sabot et les talons soient moins contractés.

Le petit fils de Rollon, avant d'entrer à Constantinople, ordonna d'apposer aux pieds des chevaux de sa suite des semelles d'argent, et l'on sait que l'impératrice Poppée faisait *ferrer* ses montures avec de l'or.

Nous voyons donc qu'au moyen-âge le maréchal était le serviteur privilégié attaché au cheval, et qu'il était particulièrement chargé d'armer ses pieds de défenses métalliques, seulement pour la guerre et les longs voyages. Cet homme devait tous ses soins à ce noble animal, et lui portait l'attachement et la reconnaissance qu'on éprouve pour l'objet dont on tient son rang et sa fortune, tandis que c'est maintenant le forgeron qui se charge de lui façonner les pieds, plus pour l'agrément de l'œil que pour le plus grand avantage du cheval. Voyons ce qui est résulté de l'indépendance de la maréchallerie moderne dans les états les plus civilisés du globe, en rapportant l'analyse faite par des hommes qui méritent toute notre confiance. Leurs opinions unanimes prouveront facilement combien l'emploi de la ferrure actuelle porte de dommage non seulement aux facultés locomotives des chevaux, mais au maintien de la bonté de leurs races. En 1823, M. Goodwin, premier hippiatre anglais, publia un ouvrage sur cette question, où il dit « que la grossièreté de la ferrure prouve que le hasard y préside » plus que l'attention : le fer consiste simplement dans une bande de » métal, percée par intervalle et assujétie aux pieds, sans ordre et sans » méthode. Partout, ajoute-t-il, on se sert d'un fer tout-à-fait perni» cieux. »

M. Riquet, médecin vétérinaire, nous offre en France une *autorité* plus grave encore : il dit, à la page 25 d'un travail qu'il est regrettable de ne pouvoir citer en entier, « qu'en examinant les actions que l'on » exerce sur le cheval, au physique et au moral, pendant les opérations » de la ferrure, l'observateur déplore les conséquences qui laissent des » traces indélébiles de brutalité sur cette noble victime, pour la réduire » à la patience et à l'immobilité. Quand tout autour d'elle conspire » contre son repos, on voit déployer une appareil formidable de tortures. ..... L'auteur ajoute plus loin « qu'on conçoit que, sous une si terrible » influence, l'existence du cheval doit être abrégée considérablement. La » longévité des chevaux ferrés lui apparaît plus courte que celle des che» vaux non ferrés... et il finit par conclure que la dégradation générale de » l'espèce chevaline, le *dépérissement* et la *dégénération* de certaines » races, doivent être attribués à l'influence des systèmes vicieux de fer» rure. »

Nous pouvons remarquer ici que les effets de la ferrure sont encore plus désastreux quand on y soumet les poulains de 15 à 18 mois, dont le sabot très-élastique à cet âge, perpétuellement comprimé et déprimé par une chaussure inflexible, ne peut se développer et s'accroître ainsi que le reste du corps. Ces pratiques, inconnues aux siècles appelés barbares, trop généralement usitées aujourd'hui, ont sans doute déterminé quelques amis de ces précieuses créatures à chercher les moyens de diminuer l'effet de ces douloureuses entraves. L'un des plus remarquables est Bracy-Clarck, qui a fait de savantes recherches sur l'anatomie du pied des chevaux et proposé de leur adapter des chaussures de cuir, dans certains cas, ou des fers articulés et toujours plus légers. Paul Courrier, et plusieurs autres écuyers, même dans les régions moyennes de la France, ne se sont habituellement servis que de chevaux non ferrés, qu'ils élevaient suivant les préceptes de Pollux et de Xénophon.

Quelques inconvénients que l'on puisse trouver, dans nos climats, à suivre ces exemples renouvelés des Grecs, il n'en reste pas moins constant aux yeux des hippiatres, qu'aucun bon cheval de service ne peut être ferré avant 4 ans révolus, et que tous ceux destinés à la reproduction ne doivent jamais l'être, hors le temps des longs voyages effectués sur des chemins pierreux. Si la corne de ces derniers était assez faible pour se ressentir des exercices journaliers qui leur sont nécessaires, ce serait un indice qu'ils doivent à jamais être rejetés du nombre des producteurs.

Toutes ces considérations prouveraient seules combien il est utile de former des établissements spéciaux, destinés à l'éducation des races les plus précieuses, d'autant plus nécessaires que la mode, ou plutôt la manie des éleveurs vulgaires, est maintenant de sévrer les poulains à 3 mois, de leur inciser le bout de la queue, de castrer les mâles qui donnent quelques espérances, à 9 ou 10 mois, de faire charger les femelles à 18, etc., etc.

www.ingramcontent.com/pod-product-compliance
Ingram Content Group UK Ltd.
Pitfield, Milton Keynes, MK11 3LW, UK
UKHW021945260726
13994UKWH00004B/1547

9 782329 361376